探险奇兵
科学漫画

发　明

（韩）张吉秀 文 （韩）金英九 图
（韩）赵景澈 金正律 尹武富 审核
余未 译

上海科技教育出版社

序言

在我们生活的现代社会中，科学技术日新月异，以令人惊讶的程度快速发展着。现代社会和科学技术保持着密切联系，相互影响，共同发展。但让人吃惊的是，很多孩子——未来社会的主人公——却认为科学深奥难懂，与之保持着距离，且渐行渐远。他们不清楚科学是什么，也不理解如何应用科学。因此，我们面临着一个现实的问题：如何以一种轻松有趣的方法，让孩子们了解科学，培养他们解决学校和生活中常见的科学问题的能力？

“探险奇兵”科学漫画丛书正是为解决这一问题而进行的有益尝试，它借助漫画这一载体，以孩子们喜闻乐见的方式，帮助他们兴致盎然地学习科学。尤其值得一提的是，这套“探险奇兵”科学漫画丛书以学校课本中出现的基本科学概念为重点，涉及的都是孩子们身边可以接触到的科学知识。这套丛书不仅可以培养孩子们正确的科学观，让他们自然而然地产生学习科学的兴趣；而且，它所采用的特殊的漫画表现形式也非常适合孩子们进行自主阅读，养成良好的学习习惯；同时，丛书丰富多彩的内容，也可以激发他们对自然界和科学事件的浓厚的好奇心，培养他们探索科学的精神。

“探险奇兵”科学漫画丛书不但是一套能引导孩子们对科学产生浓厚兴趣的读物，而且对老师而言，在进行科学教学和评估时，它也是一套很有价值的指导性用书。

目录

寻找人类最早的发明

科学家朴灿兰博士的研究所
博士，您在哪儿呢？
在跟我们玩捉迷藏吗？
等等，博士爷爷好像在哪儿叫我们呢？
嗡嗡嗡
咻咻咻
那是什么？
时光机吗？
还有个罗马士兵呢！
哈哈，被吓到了吧！
嗖

爷爷！
为什么要穿着罗马士兵的衣服？
要去参加化装舞会吗？
孩子们，我来介绍一下，这是我的最新发明——最完美的时光机。
不会是那种输入宋代却回到唐代的半吊子时光机吧？
我就知道东八会这么说，所以我先去了趟罗马时代。看看，这身铠甲就是证据。
呀，您真是从罗马时代回来的吗，爷爷？
哇，太神啦！
哈哈，爷爷我就那么不值得信任吗？

为了纪念完美时光机的诞生，我们就来一次探索人类最早发明的时空之旅吧。
爷爷，我也要去。
我也要，博士！
感觉有点不太靠谱呀……不过，我也要去！
可惜我的时光机只能搭载两个人，不信任我的东八不能去。
哦耶……
太好啦！
博士，带上我吧！
不行！
博士！
嘎嘎嘎

啪
这是哪儿啊？
这么快就到罗马时代了？
这是埃及开罗的古博物馆庭院。
埃及博物馆展示了许多古埃及的遗迹和发明。
我们先浏览一遍，这有助于这趟旅行。
哇，你们看那个。
这是图坦卡蒙。
把他发掘出来的人都受到诅咒死了。
好可怕！

* **冲水式厕所**：安装有供水装置，可用水将污物冲走的厕所。

这是对神圣的古埃及博物馆的亵渎，请出去！
唉，都是因为东八，我们才被赶出来的。
为什么一说到"屎"你就那么兴奋啊？
所以我才叫"屎八"呀。
嘭
干什么啊！
只能这样了，我们先搭时光机走吧，剩下的发明我以后再给你们说明。
东八，我们现在在过去，要特别小心。
你再胡闹试试！
为什么只揪住我不放？
好啦，出发！
是，博士！
嘎啊啊啊
呼呼呼

公元前的发明

车轮	美索不达米亚	公元前3500年
泵	美索不达米亚	约公元前3000年
茶	中国	公元前2737年
秤	埃及	约公元前2000年
风车	小亚细亚	约公元前2000年
水闸	利比里亚沙漠	约公元前1850年
水车	美索不达米亚	约公元前1700年
玻璃器皿	叙利亚	约公元前1600年
剪刀	希腊	公元前1000年
冰刀	瑞典	公元前1000年
投石机	西西里	公元前400年
风琴	埃及	公元前250年
升降机	希腊	公元前236年
起重机	意大利	公元前212年
香料	埃及	公元前200年
丝绸	中国	公元前200年
航海图	马绍尔群岛	公元前100年
木螺丝	亚历山大城的海伦	约公元前50年

公元元年后的发明

自动售货机	海伦	约公元41年
固体肥皂	高卢人	约公元125年
地动仪	中国张衡	约公元132年
彩色玻璃	拜占庭帝国	约公元600年
闹钟	英国	约公元820年
机器人	德国	约1201年
金属活字	高丽	1234年
老花镜	德国	1289年
火绳枪	法国	约1409年
铅笔	英国	1455年
风扇	西方	1600年
望远镜	汉斯·利帕希	约1608年
发条汽车	德国	1633年
幻灯机	瑞士	约1646年
钢琴	意大利	1709年
橡皮擦	英国	1770年
革命性的冲水马桶	英国	1775年

蒸汽机

这是哪里啊？
这是工业革命的最棒发明——蒸汽机的发明地。
那不就是英国嘛。
吵吵
嚷嚷
快来看哪，这就是世界上第一台蒸汽机车，赶紧买票体验一下吧！
蒸汽机车乘车处
售票处
1804年，为了体验由特里维西克制造的世界上最早的蒸汽机车，人们蜂拥而来。
原来世界上最早的蒸汽机车是由特里维西克发明的。
不对，是瓦特发明的。
是牛顿，牛顿！

现在，我们就通过三维立体影像机来一探究竟吧。
啪
嘀
我就是瓦特，在格拉斯哥担任仪器制造师的时候，发明了用蒸汽压力代替空气驱动的蒸汽机。

利用瓦特制造的蒸汽机，最早造出蒸汽机车的就是我——特里维西克。
在特里维西克之后，我——史蒂文森，造出了更先进的蒸汽机车，为蒸汽机在交通上的应用做出了贡献。
W.P.&Z.Ry.

特里维西克的蒸汽机车拖着一辆客车在圆形轨道上行驶。
哇 啊
蒸汽机车
和现在的玩具火车一模一样。
没错。
有厕所吗？
噗

史蒂文森制造的蒸汽机车挂着重约90吨的客货车，首次在从斯托克顿到达灵顿的铁道上以18千米/小时的速度行驶。
哇，每小时能跑18千米呢！
不管怎样，这个速度在当时很了不起呀。
这是乌龟吧？还火车呢！

东八，你说这辆车是乌龟？
每小时才跑18千米的火车当然是乌龟了，还能是兔子吗？
这是最早的火车，能跑这么快已经很不错了。
不过，4年后的1829年，蒸汽机车得到了飞跃式的发展。
世界上速度最快的蒸汽机车诞生了。
火车头大赛
为庆祝利物浦到曼彻斯特的铁路开通举办火车头大赛！
世界上跑得最快的火车头是什么样的，跑得到底有多快呢？让我们在火车头大赛上一探究竟吧！

伦敦市民不以为然。
一小时才跑18千米的火车头有什么好看的?
比人走得还慢的火车头比赛,看了也白看。
铁路马上就要通车了,这是为了吸引人们的注意力才举办的吧。
虽说如此,反正是免费的,去看看也没什么损失。
火车头大赛终于开幕啦!
咣当咣当
再快一点!
奔驰吧!
哇啊啊!
停!
现在宣布比赛结果,1号参赛火车头速度为24千米/小时。

啧啧，真有两下子。
时速也只有20多呀……
火车头的时速应该达到30千米以上才行啊！
看来，火车头时速要达到30千米得再加把劲啊……
21千米/小时！
哇啊啊
28千米/小时！
哇
35千米/小时！
啊啊啊
哇，太快啦！
时速超过了40千米？
是哪个火车头？
超过40千米了，真是难以想象啊！

自此，蒸汽机车的实用性和优越性得到了认可，开始在各国铁路运行。

在韩国,将铁道和火车的模型展示给王公大臣看的是当时的驻美大使李夏荣。

哐当哐当
10年之后，1899年，康仁线通车了。
哇，大铁块跑起来了。
铁块载着人飞驰……
这简直是铁龙啊！
该不会是在做梦吧？
竟然有这种事情……
1905年，韩国开始从美国大量购进蒸汽机车。
爷爷，蒸汽机车是怎样利用水和煤炭来运转呢？原理是怎样的呢？
怎么现在才问这个问题？火车都已经出发啦……
这么说你是知道原理咯？
哪有连这都不知道的笨蛋啊？那个……
切，又要不懂装懂了。

生火工具

以前不是说过了嘛，瓦特发明了用蒸汽压力取代空气驱动的蒸汽机车……
那是蒸汽机车的发明过程，不是原理。
就是说啊！
这本书是讲发明的，原理之类的东西不用追究。
这是追不追究的问题吗？不知道就要通过学习弄清楚才行！
等等，你们俩说得都没错，不要吵了。
知识就是力量，弄懂了不是更好吗？
咻咻咻
东八你就稍微让让她吧，我们再回到过去看一下就行了……不要吵啦。
知道了，博士！

啊！
哐
怎么回事，
博士？
哐
哐
呃啊！
我……我也不知道，计算机好像发生故障了。
啊？计算机故障？
不要像个老爷爷一样啊，呃。
这该死的计算机，关键时刻掉链子，唉！
哒 哒 哒
呃啊啊啊
哐 哐
嘎
嘎
嘎
呃啊啊！
呃啊！
啊！
啊！

哎呀，这……
这是哪儿啊？
是森林，爷爷！
看看树丛就
知道是哪个
年代了。
下来吧，
博士！
只要看看房子的
样式或者人，就知
道是什么时代了。
博士，计算机
能修好吧？我
们能回去吧？
啊，那边有奇
怪的声音。
呜嘎呜嘎
嘎哗呼吧
呜嘎呜嘎
嘎哗 嘎哗
嘘，好像是土著人说话
的声音，说不定是食人
族，悄悄地走近看看。
啊？
是食人族吗，他们能
把人一下子撕烂吃
掉，好可怕啊！
瑟
瑟
发
抖

把火生起来。
嘎哔呼吧……
冒烟了。
等等……你们看那些人！
是原……原始人。
我们怎么来到了原……原始时代，怎么办啊？
嘘！
爸爸，你真棒。
燃起来了，太好了。
呼
成功啦！
火生起来了。
真神哪！

嘎哗呼吧……
呜吓
呜嘎呜嘎……
呜吓
呜呼！
啊啊啊……
爷爷！
你怎么那么激动呀？
不就是一群原始人嘛，不用这么激动吧？
孩子们，我们看到了人类所有发明中最伟大的发明——生火工具诞生的瞬间。
啊？
是人类最初的生火工具的发明？
唉，博士，您怎么就知道这是第一次，说不定是第二次，第几百次了呢？
嗯
什么
不会吧
呵呵
太夸张了吧

嘎哔呼吧……
呜嘎呜嘎……
是谁？
啊，被发现了！
我的妈呀！
站住！
原始人来抓我们了。
赶紧朝时光机跑！
妈呀！
敌人入侵了。
呜嘎呜嘎……
呼哒哒哒
抓住他们……
哇！
嘎哔嘎嘎……
原始人都追过来了。
怎么办？您赶紧修时光机吧，爷爷！
啊啊……

哐
哐
?
!
吭哧……
啊啊啊!
爷爷,修好了吗?
啊啊啊!
行了!
嘎嘎嘎
啪
这又是哪儿啊?好像是古城……
我们这是到哪儿了,博士?
那个……情急之下,先逃出来再说。
好多人聚集在那边,博士!

打字机

1876年费城博览会
这是1876年的美国。
哦耶！
既然已经来了，就看看再走吧，博士？
各位，现在我们就给大家介绍一项最新发明——雷明顿打字机。
打字机？
那些人围在一起做什么呢？
不就是老旧的打字机嘛，干嘛那么大呼小叫的？
你们又见证了一个历史性的时刻——雷明顿打字机的发明。

雷明顿打字机?
既然都来到这儿了，我们就乘时光机先去看看雷明顿打字机的发明者肖尔斯吧。
米尔于1714年、巴特于1829年、普雷齐于1833年分别为自己发明的打字机申请了专利，这些打字机可以看做现代打字机的雏形。
但是，这些打字机还没有达到生产化标准，发明现代打字机的是肖尔斯。
嘀
嘀
肖尔斯在一个铁匠铺里打工，他和朋友格利登一起想制造一台能给书自动编页码的机器。
耶，做好啦！
不愧是肖尔斯，你真是太聪明了！

聪明什么呀,要不是有你帮忙,我也做不出来。
呵呵,我什么忙也没帮上……
大家都知道他们俩像兄弟一样友爱和睦。
他们经常一起工作,彼此很了解对方的想法。
这才是好朋友啊!
这个周末我们一起骑车兜风,怎么样?
他们两人一边看书,一边讨论着什么。
吭哧……
哎哟,我要死了!
吭哧……
咱们制造出的自动编页码机要是还能够打字,应该更受欢迎吧?
!

没错，就是这样，我们一起制造打字机吧。
打字机？
咣当咣当……
哎哟喂，啊！
东八要死了！
从最上面摔下来的人最疼了。
你们这些家伙，垫在最下面的人是我啊……哎哟，我的腰啊！
那是什么？
是谁呀？
我们不能插足历史，赶快逃吧！

肖尔斯和格利登第二天就开始研究制造打字机了。
字母的排列是个问题。
单靠我们自己的力量好像很困难。
他们向经营印刷厂的塞缪尔寻求帮助。
大叔，请帮帮我们，我们在字母排列上遇到了难题。
字母之间会相互干扰。
嗯……你们造出了非常棒的机器啊，我会竭尽全力帮助你们的。
就由我肖尔斯来承担研究和制作打字机的主要工作吧。
好啊，我和格利登就辅助你吧。
沙沙
吱吱
等等……老鼠又跑到天花板上去了。

让我也看看。
你也凿个洞不就行了嘛。
嘘！
安静点，被他们发现就不好了！
在肖尔斯主攻制作打字机期间，塞缪尔协助收集各种资料和吸引资金投入。
这样做怎么样？
这样在打字母时就不会相互干扰啦。
我去银行贷款。
因为有米尔、巴特、普雷齐等留下来的资料，研究进行得很顺利。
耶，终于用木头做出了打字机实物模型啦！
键盘之间也不会相互干扰，终于能顺利打字了。
赶紧去申请专利。

肖尔斯，把你的专利权卖给我们吧，我们会出大价钱。
肖尔斯发明打字机的消息传到了当地实力最强的企业家丁斯莫尔和约斯特的耳朵里。
你们觉得怎么样？
既然给钱多，那就卖吧。
巨款就卖，小钱就不卖。
1873年3月，他们以每人4000美元、共12000美元的价格将专利权卖出。在当时，他们就算是腰缠万贯了。
哈哈哈……
真是了不起的成就啊！
苦尽甘来啊！
好羡慕啊！
虽然生产缝纫机和枪支的公司开始生产肖尔斯的打字机，但最初的市场反应并不理想。雷明顿打字机虽然在博览会上吸引了人们的视线，但并没有人购买。
哈哈，我们要从用笔写字的时代进入到打字机时代啦！
费城博览会
雷明顿打字机能体现您的品味！
嘭恰嘭恰
梆巴啦梆巴

字要用手写才有诚意，对吧？
用打字机给别人写信？只有人格水平低下的人才会这样做。
谁说不是呢？用打字机写情书，恐怕会被姑娘退回来呢。
打字机
嗡嗡
嗡
打字机专柜简直丢了百货商店的脸，赶快撤了！
是，经理。
书
最畅销商品榜
当时，人们大多使用铅字做宣传广告，打字机打出来的信被认为是上不了台面的。
但是，随着打字机的优越性得到人们的认可，打字机的销售就像张了翅膀一样开始飞升。

电影放映机和真空管

1888年，他们卖出了足足5万台打字机。
真了不起啊！
我们再去看看1888年出现的其他发明吧。
5万台啊？肯定赚了好多钱！
给我一点就好了！
没错，爱迪生在1888年造出了电影放映机。
哒
1888年，法国人马莱发明了连续摄影枪。他让感光板旋转，成功造出了能在1秒钟内曝光12个画面的照相机，拍下了鸟的连续运动。
扑啦啦
唰咔咔

爱迪生结合了留声机和活动照片，发明了能在1秒钟放映48张照片的活动电影放映机。

▶ 爱迪生的活动电影放映机

爱迪生发明的这种活动电影放映机kinetoscope把用照相机拍摄的负片转化为正片，通过孔洞就能直接观看。

人们对 5 美分影院的兴致丝毫不减，影院开始增加在培养明星与扩大画面方面果断投资。

与趣味性、明星及画面大小相比，爱迪生更重视制作主题与教育相关的电影，以及完善电影放映机的功能。

爱迪生对于电影事业的想法与喜爱电影的人们的期望相去甚远，于是，爱迪生虽然是电影放映机的发明人，但却是电影事业上的失败者。

但是，他并没有觉察到这种现象的价值。

英国电器工程师夫累铭注意到“爱迪生效应”，利用这一现象造出了电子二极管。

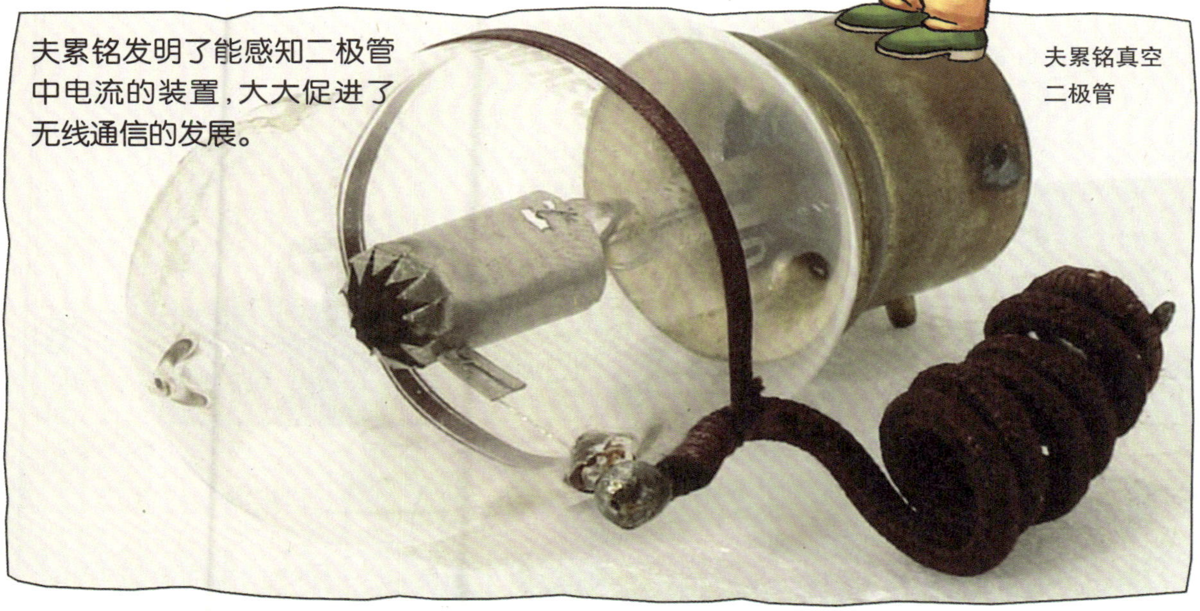

夫累铭真空二极管

2年后，美国发明家德福雷斯特根据二极管原理，发明出开辟了电子时代的真空三极管。

随着三极管在广播、电视等系统上的应用，人类进入了广播时代。
我在科学博物馆的时候看到了。
以前的收音机里真的安有真空管。
没错，在晶体管和集成电路发明前，所有的电子产品都是用真空管。
博士，还要在这儿待多久呀，我们得赶紧返回蒸汽机时代啊。
对啊，你看我这人！
在我修理计算机期间，你们继续学习吧。
哎哟，又是学习！
是，爷爷！
东八最讨厌学习了。

瓶装罐头

怎么样，彩琳？我这个做爷爷的能把计算机修好，了不起吧！
不愧是爷爷，真厉害！
当时有什么别的发明吗？
没有跟厕所有关的发明吗？
噗
有瓶装罐头的发明。
瓶装罐头？
如果是用铁桶装，不就是铁皮罐头吗？
咻咻咻咻
瓶装罐头又是什么？
那我们就朝着铁皮罐头的始祖——瓶装罐头进发！
这个地方是1804年的法国巴黎。
那座建筑物是干什么用的？
是葡萄酒厂。
不是酿造厂吗？

当时拿破仑在法国发动了战争，粮食短缺问题非常严峻，不论是一般市民还是军人，都需要能长时间保存粮食。

也要张贴悬赏告示，让百姓参与进来。
是！
唰
唰
悬赏告示
悬赏12000法郎征集能长时间保存食物的方法。
——拿破仑
?
这时，阿培尔研究出了瓶装罐头。
将食物放入玻璃瓶内密封，再加热进行杀菌处理，就制成了我的瓶装罐头。
悬赏告示
哦哦……就是这个！
审查委员
阿培尔，请收下赏金12000法郎。
谢谢！
唰
这是拿破仑政府为你颁发的勋章。

铁皮罐头

但是，瓶装罐头需要改进的地方也很多。
要是从外面就能看到瓶里的东西就好了。
但是，如果瓶里的食物照射到阳光，恐怕容易变色甚至变质。
也容易摔碎呀！
瓶子在过热或者受到撞击的时候容易碎裂……
热量的传递其实很缓慢，所以密封、杀菌都很困难。
而且还很重，运输也不方便，保质期也短。
啧
啧
但是对容易杀菌的、味道极酸的食品来说正合适。
英国技术员杜伦为了改进这种玻璃罐头的缺点，研究出了新型罐头。
如果要克服瓶装罐头的缺点……

没有什么好办法了吗？
用桶来熬汤才像样嘛，快吃吧。
汤就是要熬得久才够味儿啊。
得了吧，英国哪有什么汤啊？
桶？没错，就是桶！
怎么了？
1810年，杜伦经过长时间研究，终于成功造出了用铁皮制作的铁皮罐头。
研究室
耶！终于成功造出铁皮罐头了。
先去申请专利！
汪汪

摄影术

我们下一个要看的是1837年在法国发明的摄影术。
哇，是巴黎啊！
哦哦，梦幻和浪漫之都呀！
连埃菲尔铁塔都看不到怎么会是巴黎，你们这些大老粗。
埃菲尔铁塔是在1889年世界博览会时修建的，这时还没有。

说大话了吧，嘻嘻。
哈哈哈。
不许笑！
那边那个在塞纳河边画风景画的人就是发明了摄影术的达盖尔。
原来，达盖尔是一名画家，一边画画，一边研究将事物的形貌记录下来的方法。
他是要回家吗？
不是，是去研究室。
后来，达盖尔遇到了因发明照片而为人所知的尼埃普斯，正式开始了研究。
用这个照相机的镜箱给照下来……
要怎么做才能将图像定格在板上呢？

但在他们合作的第四年，尼埃普斯去世了。1837年，达盖尔发展了尼埃普斯的阳光摄影法，发明了被称为“达盖尔摄影法”（也称银版法）的照片摄影法。

不过，这个照相馆拍照的
时间有点太长了。
我来照相啦。
来，准备
拍照吧。
巴黎艺术照相馆
是，老板。
啪嗒 啪嗒 啪嗒
等等，这是
怎么回事？

哪有这样把
顾客晾着的？
已经曝光了，需要一个
小时，如果动了就不行
了，请再忍忍吧。
真的太搞笑了。
真荒唐啊！
大妈，茄子。
像那样一个小时
坐着一动不动，
身体会麻的。

电梯

下面我们要看的是1880年发明的升降机。
Stop,博士,您犯了个错误!
什么错误?
您不是说过升降机是由古希腊的阿基米德发明的吗?
东八,说得没错。
是的,但那是利用绳子和滑轮制作的升降机。
我们现在要看的,是用电进行升降的现代电梯。
您一开始就说清楚不就好了。
切
哈哈,好啦,我承认我犯了个错误。我们去见见真实的电梯吧。

拿破仑将椅子系在绳子上制成了可以上下移动的升降椅。

到了19世纪，人们开始利用水力或者水压制造升降机。

后来，人们开始用蒸汽机作为动力。
呃啊啊，好烫！
这样下去，我们会变成粉蒸肉的。
救命啊！
咻呜呜呜
1880年，德国的西门子公司造出了利用电动机来产生动力的电梯。
那我们就去1880年的德国西门子公司吧。
耶，我们终于成功研制出靠电运转的电梯啦！
太好啦，我们就在曼海姆举行的博览会上展出，扬我国威吧！

西门子公司制造的电梯在博览会现场进行了运转。于是，电梯在全世界流行开来。1940年，韩国的华信百货商店首次安装了这种电梯。

电话

真是风牛马不相及的蠢话。
东八啊，电不是发明的，是发现的！
电……电是发现的？
接下来我们就去美国看看下一个发明吧？
电话不是亚历山大·贝尔发明的吗？
不是，是贝尔的一个朋友格雷发明的。
才不是，是德国的赖斯先发明的。
等等，你们是从哪儿看到这些的？
书上呀，老师已经讲到贝尔了呢。
我是从网上。
我也是从网上。

贝尔也好，格雷、赖斯也好，他们都可以是电话的发明者，只不过……
只……
不……
过……
最先发明电话的是意大利裔美国人梅乌奇。
怎……怎么会这样？
博士，您记错了吧？
博士，您在祖国未来的花朵面前犯了大错！
惊讶吧！
去实地看看就知道是不是了！
这是哪儿？
美国议会？
没错，这是美国的国会大厦。

尽管世界上所有的人都认为电话是亚历山大·贝尔发明的，但2002年，美国国会通过讨论明确得出——
电话不是贝尔发明的，而是梅乌奇发明的。
最早制造出电话的梅乌奇委托西部联合电报公司代为申请专利。
但西部联合电报公司后来却说，梅乌奇发明的电话模型和设计图丢失了。1876年，西部联合电报公司与贝尔关于电话的开发进行了讨论，造出了电话。
怎么可能啊！
不可能！
是说委员会查明了真相吗？
嘘，听听看。

梅乌奇认为电话是他发明的，将冤情上诉到法院。
贝尔请了优秀的律师为其辩护，梅乌奇最终在这场官司中败诉。
之后，梅乌奇因气成疾，凄凉地去世了。他的发明也被人们遗忘了。
所有的事实都有证据证实。

天哪！
天哪！
怎么会有这种事？
不负责任的电报公司！
当
当
当
我来总结一下。

即使美国议会已经在2002年明确了电话的发明者，但老百姓还没有改变自己的看法。
不可能，再怎么说也是贝尔啊！
不是，是贝尔的朋友格雷先发明的。
绝不可能！
是赖斯最先发明的。
贝尔更早！
到底是在哪一年发明的？对比一下日期。
如果不是梅乌奇，我就去死！
1837年，美国的佩吉最先构思出电话。
法国的博塞尔开启了发明电话的可能性。
这些都只是构思，而不是电话的直接创造者。

当时的人们都很关注电话，所以研究也活跃起来。
原来人们都知道电话的相关信息啊。
用文雅一点的话来说，就是“信息共享”。
所以，当时是按照谁将电话产业化来决定谁是电话的发明者的。
从这方面来说，贝尔的确快了一小步。
贝尔瞒着自己的朋友格雷，先下手为强了。
切，都说了是赖斯最先开始的了。
嗬
嗬
所以总的来说，第一名是梅乌奇，第二名是赖斯，第三名是贝尔，格雷是第四名。
明白了吗，孩子们！
爷爷！
博士！
叽

但是也有这种说法。
受打击了??
你们在干吗?
虽然梅乌奇和赖斯比贝尔更早制造出电话……
说句玩笑话，他们并没有申请专利啊!
啊，是吸血鬼!
贝尔是看到梅乌奇先造出的电话后，才造出电话的。
赖斯和贝尔之间隔了多长时间?
明明就是梅乌奇最先造出电话的。
爱梅聚(爱戴梅乌奇的人们的聚会)
总的来说，不管怎样，贝尔并不是那种寡廉鲜耻的人。
贝尔实验室入口刻有如下文字:
不要总走在别人走过的道路上，偶尔离开大路，进入森林，或许你会发现一些从未见过的东西。
——亚历山大·贝尔
呼
真了不起。

贝尔发明电话获得成功并不是因为他比其他竞争者更早地申请了专利，而是因为他离开了通常的道路，将自己置于森林之中。
通过这个电话，能和远方的人通话。
真令人惊奇啊！可是，世界上有几个人会用这种东西啊，国务卿？
总统

当所有人都在思考电话的用处时，贝尔来了个“思维大转换”。
思维大转换？
您是说思维一下子发生了180度的大转弯吗？
就是倒过来看世界嘛！
啪

贝尔思考着。
比起这些发明能为我赚多少钱——
我更希望它们能给众人提供更多的便利。

贝尔将自己对众人的爱付之于实践，在波士顿的聋哑学校教授发声方法。
苹……果
苹果
苹……
苹……果
咕噜
要是患有听觉障碍的人能听到声音该有多好啊！
啊呃……
跄跄
踉踉
海伦·凯勒，你这孩子看不到也听不到，怎么还跑出来？
咣当
呃呃……

后来，海伦•凯勒获得成功后，她将自传《我的生活》献给贝尔。

留声机和灯泡

为什么到火车站来，博士？
客车实验室？
嘘，发明大王爱迪生正在那个客车实验室里做实验呢。
没错，小爱迪生在客车实验室里做研究，结果着火了。

客车着火啦！
爱迪生这家伙最终还是让客车着火了。

你这个坏小子，再也不许在客车里做实验了。
呃啊！

居然打小孩儿，太过分了！
冲过去
不能干预历史！
东八好样的。
不愧是热血少年东八啊！
以前
当时，爱迪生受到了列车长的粗暴对待，听觉受到了损伤。
嗡嗡
耳朵怎么回事？
耳朵听不清楚了，是鼓膜受伤了吗？
后来，爱迪生远离了人们，一心扑在研究上。
你长得好奇怪啊？腿怎么是这样的？声音也很怪。
？！？
1868年，经过无数次研究和努力，爱迪生终于发明了电子投票计数器。第二年，他又发明了股票行情自动收录器，开始走上发明大王之路。
授予您奖状和奖金。
谢谢。
发明大王 爱迪生
啪啪啪

1871年，爱迪生发明了打字发报机，1872年发明了二重发报机，1876年发明了炭精送话器，1877年发明留声机，1879年发明白炽灯，1891年发明了活动电影放映机和投影机，1891—1900年发明了磁力析矿器，1900—1910年发明了蓄电池，等等。

▲ 投影机

▲ 爱迪生蓄电池

▲ 白炽灯

◀ 爱迪生白炽灯

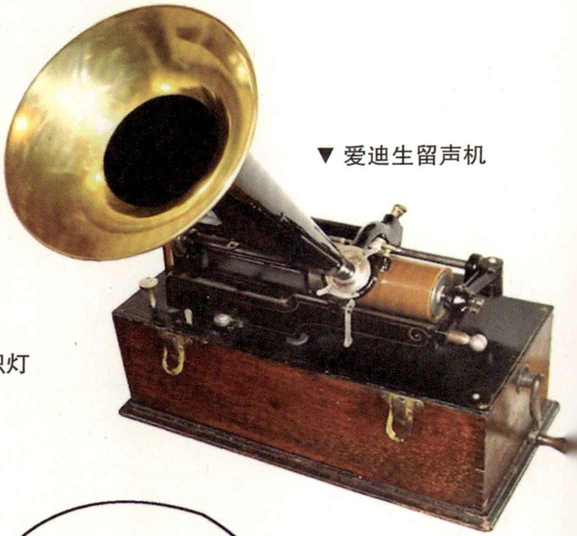

▼ 爱迪生留声机

我们赶紧去了解一下爱迪生那无数发明中最突出的留声机和白炽灯吧。
唰唰唰
!
再小的波浪也会在沙滩上留下线条。
嘎
嘎
把撒有薄薄一层沙的玻璃板放到钢琴上，再演奏试试。
嘎当
等等，怎么可能？随着声音的振动，玻璃板上的沙会形成不同的曲线。

因此，沙粒会受到微弱的声音振动或小波浪的影响。
他在做什么？
就是说啊……
在往长长的圆筒上粘什么吗？
他把薄锡板粘在用铜做成的圆筒上。
这样的圆筒会将声音的振动录下来。它会录下什么呢？
实验室
嗡
苍蝇
啊，这该死的苍蝇，还不滚一边儿去！
嗡
嗡
嗖
哈哈哈，是苍蝇！
呵呵，听起来很像是东八在叫呢。
嚯……

啊，我驱赶苍蝇的声音被记录下来了。
反正也没办法了，将唱针放到锡纸上试试吧。
滋
刺啦
刺啦
啊，这该死的苍蝇，还不滚一边儿去！
哇，成功啦！
呵呵！
就这样，爱迪生发明了留声机。
我们再去看看他是怎样发明灯泡的吧！
灯泡的发明过程中也会有像东八一样的苍蝇登场吗？
喂，你！
咻咻咻

当时人们使用的是电弧灯，引发电弧的这两根炭棒不容易燃烧，但需要经常更换。

在室外，电弧灯很有用处。

电灯中被加热而发光的物质，用炭最好。
但加工起来很困难。
说到加工，只要不是在真空中进行，都会全部烧毁的。
即使不是真空，只要在没有氧气的气体中加工也可以。
那更困难。
1878年，爱迪生加入了这个研究项目。
算我一个！
爱迪生，加油！加油！
给予我们光明吧！
前进
加油
加油，爱迪生！
既然不能直接用纤细的炭丝，那首先得制造出灯丝，再让它炭化。

虽然爱迪生成功制造出了纸灯丝，但其发光的时间只有短短的10多分钟。
纸灯丝寿命太短，不行。用金属丝，不知道会怎么样？
当他们用棉线代替纸来进行炭化时，也只是重复了以前的失败而已。
哐
哐
哎呀……不行！这到底是为什么呢？
在经历了无数次的实验和失败后，爱迪生终于在1879年造出了能持续发光40小时以上的炭丝灯泡。
耶！终于造出白炽灯了！
啊，真神了！
啪

1880年，爱迪生发现用竹子做灯丝的材料是最合适的。为了寻找合适的竹子，他去了日本、马来群岛、印度、中美洲、南美洲等地收集材料，制造白炽灯。

汽车

这不是汽车厂吗?
这是德国的奔驰车厂。
要想了解人类最伟大的发明——汽车,就不能错过这个地方。
确实是梅赛德斯-奔驰啊!

最早的汽车不是美国人造出的吗?
那就好好看看吧。

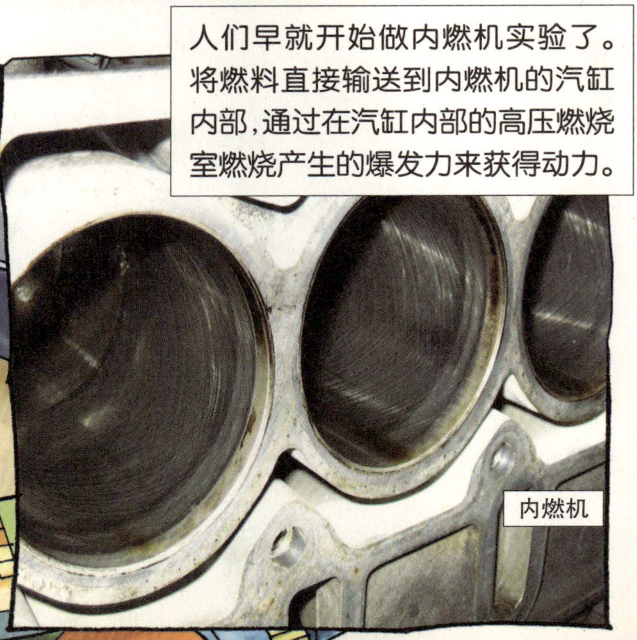

人们早就开始做内燃机实验了。将燃料直接输送到内燃机的汽缸内部,通过在汽缸内部的高压燃烧室燃烧产生的爆发力来获得动力。

内燃机

咚咚
咚咚
耶，能运转了！
咔呜
咔呜
哐
哐
呃啊！
啊！
1865年，法国工程师勒努瓦将内燃机产业化，发明了两缸煤气引擎。
咚咚咚
耶，终于成功啦！
不会又爆炸吧？
后来，德国的奥托使用汽油发明了热效率更高的四缸引擎。
成功了！
嗡
嗡
恭喜您，奥托老师！

1886年，戴姆勒将汽油发动机安装在二人座四轮马车上，发明了世界上最早的汽油汽车。

同年，另外一名技术人员卡尔·本茨经过长时间的研究，开发出安装了汽油发动机的三轮汽车。

戴姆勒和本茨虽然互不相识，但他们在同一年发明了同样的汽车。
戴姆勒汽车公司老板 戴姆勒
奔驰汽车公司老板 卡尔·本茨
被称为“汽车之父”的戴姆勒和本茨在1926年将两家公司合并，成立了欧洲最大的戴姆勒—奔驰公司。后来，这家公司成长为梅赛德斯–奔驰公司。
汽车也像电话一样，相关的信息和技术也是许多人共享的。
从他们同时发明汽车来看，你说的很有可能。
能给我一辆奔驰车就好了。

无线电报

出生于意大利博洛尼亚富裕之家的马可尼正在接受家庭教师的指导。
日耳曼民族为什么会迁徙呢?
打瞌睡
我问你日耳曼民族为什么会迁徙?
哐
日耳曼民族入侵了?赶紧报告总部。
一骨碌
总部,总部!
嗒嗒嗒
我再也教不下去了。
马可尼!

1894年，20岁的马可尼开始了无线电报的实验。
你在做什么，马可尼？
大哥，我在制造无线电报机。
无线电报机？
就是没有线也能将电报发送到远方的机器。
经过一年的实验，马可尼成功造出了无线电报机，他找到了邮政局。
局长，如果用这个机器的话……
警卫，警卫！赶紧把这个小贩给我赶出去！
是，局长！

马可尼虽然造出了无线电报机，在意大利却没有得到认可，他去了英国。
怎么样，有信号吗？
嗒嗒嗒
嗒嗒
啪嗒啪
真的有电报来了呀！
真的！

这就是马可尼当时发明的无线电报机。
哇，太帅了。
真的！
就这样啊，我也能做。

在英国得到认可的马可尼在伦敦成立了马可尼无线电报公司，无线电报成功穿越多佛尔海峡，完成了英国与法国之间的通信。
英国
法国
多佛尔海峡

这给了马可尼勇气，他要尝试将电报传送到大西洋对岸的加拿大。
老板，这件事要是失败了，投资者们恐怕会撤资呀。
头掉了碗大的疤，相信我就行了。
1901年12月12日，马可尼成功将电报传送到加拿大。
发送电报
嘟嘟嘟
收到电报
嘟嘟嘟
1909年，马可尼获得了诺贝尔物理学奖。
哇，连诺贝尔奖都拿到了……
博士，您能给我们讲一下诺贝尔发明炸药的故事吗？
那叫发现。

炸药

诺贝尔出生在瑞典斯德哥尔摩，17岁时，他去美国学习了四年的机械工程。

后来，他回到瑞典帮助父亲经营炸药产业，开始了炸药研究。
爸爸，您来了？
你又在实验室熬了整整一夜啊，这样下去会生病的。
1863年，诺贝尔将硝化甘油与黑火药混合在一起，发明了炸药。
爸爸，炸药制作完成了。
啊，小心，小心！
啪
呜
哐当
我是炸药
啊
啊！
啪
呃！
哐
爸爸，这东西即便掉在地上也不会爆炸的。

最后，诺贝尔研制出利用雷管来引爆炸药的方法。
把它产业化怎么样，爸爸？
大哥，不是太危险了吗？
就是啊……
炸药
在批量生产炸药的过程中发生了爆炸，诺贝尔的弟弟和四名职工被炸死了。
嘭 嘭
怎么会这样！
啊，不要！弟弟……
呜呜呜呜
都是因为液体炸药太容易爆炸才会这样的。
1867年，诺贝尔在无意中发现，将炸药混入硅藻土中会变成固体。

就是它。这种固体炸药与硝化甘油不同，它是不会轻易爆炸的。
就给它取名为达纳炸药(Dynamite)吧！
诺贝尔因为发明炸药成了大富豪，但炸药被大量用于战争，炸死了许多人。
诺贝尔研究所
1896年12月10日，诺贝尔停止了呼吸，留下了遗嘱。
没有想到，我的发明会让那么多人死去。
为了科学发展和世界和平，我将遗产捐献给瑞典科学院。
于是，从1901年起，以诺贝尔的遗产为基金，创立了诺贝尔奖。
伟大的诺贝尔，再见！

飞机

我们的梦想是造出能像鸟一样在空中飞翔的飞机……
莱特兄弟的自行车店
哥哥，我们现在只有自行车店啊，造飞机的梦想能实现吗？
就是说啊！
呀？
怎么了，哥？
奥托·李林塔尔在滑翔机试飞中坠机身亡了。
把自行车修好后去试骑一下。
是，我会修好的！
请让开，我……
嗡嗡
好的。
小心点，弟弟。

莱特兄弟1900年和次年在北卡罗来纳州的基蒂霍克进行了滑翔机飞行试验。

坠落的滑翔机

尽管不断失败，但他们并没有放弃滑翔机的开发研究。

后来，莱特兄弟又进行了1000多次的滑翔机飞行试验，200多次的模型飞机飞行试验。

1900年的滑翔机

1901年试飞中的莱特兄弟

1902年在天空飞翔的滑翔机

1903年正在进行飞行准备

最终，莱特兄弟制造出安装有他们亲自制造的汽油发动机的“飞行者”号。

弟弟奥维尔在第一次飞行中，用12秒飞行了39米；
在第二次飞行中，用59秒飞行了279米。
耶，终于飞起来啦！
哇 哇 哇 哇
莱特兄弟太厉害啦！
太神了，莱特兄弟成功实现了人类空中飞行的梦想！

AC
177FW
后来，飞机越来越先进，甚至开创了超音速的马赫时代。
正是因为这些不顾自身安危进行探索的人们，人类的梦想才能实现。
没错！
我也要成为为人类做出贡献的发明家。

电视机

我们去见证一下电视机发明的历史性时刻吧。
是英国啊！
1925年，从事肥皂、果冻、砂糖等产业都以失败告终的贝尔德正在构思新的事业。
这次做点什么生意呢？
什么？霓虹灯发明出来了？
如果好好利用霓虹灯，就能造出电视机。
贝尔德从父亲和朋友那里借了250英镑开始了电视机的研究工作。
把工具箱做成电视机的支架。
乒里乓啷
设计图

之后诞生的机器就被贝尔德命名为电视机。

以贝尔德的电视机为基础，电子电视机陆续面世。现在，电视机已经朝着数码化发展了。

壁挂式电视机

便携式电视机

计算机

嗡嗡嗡
最后，我们去了解现代IT产业中绝对不能错过的计算机相关知识吧。
我知道，我知道，计算机是比尔·盖茨发明的。

东八啊，不是的。
比尔·盖茨不是那个发明计算机的人。
他绝对不是发明者。
那么是谁呢？你们知道就赶快说说看啊！

电脑是通过电子回路来自动计算或处理资料的机器。
NASA
那么，计算器也是电脑吗？

1944，美国哈佛大学的艾肯教授得到IBM的支持后制造出Mark-Ⅰ，这是最早实现自动计算的机器。它足有15.3米长，2.4米高，重量为4500千克。
哇，真是又大又重啊！
电子计算机就是使用真空管的计算机。1945年，宾夕法尼亚大学的莫奇利和埃克特首次成功造出电子计算机ENIAC。
哇，那要把这6000个开关都打开，计算机才能运转吗？
有这么大的计算机啊！
真空管足有17468个，开关就有6000个。

1946年，冯·诺伊曼针对ENIAC的弱点，将指令和数据一起储存在记忆装置的存储器中。这种全新的方案成为现今计算机的指导性原理。

1935年，美国的卡罗瑟斯发明了尼龙。

Windows Vista Home Page - Windows Internet Explorer
http://www.microsoft.com/windowsvista/default.aspx
MSN Search
Windows Vista Home Page
File Edit View Favorites Tools Help
Search Web
Favorites
Blocked (0)
Page
Tools
Windows Live Favorites
Add Favorite
Add Folder
Find in Favorites
Windows Live Favorites
Windows Vista
The Experience
The Features
The Community
Information For
Developers
IT Professionals
Partners
Bringing clarity to your world.
Introducing Windows Vista
万维网是在1989年按照英国人蒂姆·伯纳斯－李的提案开发的。
啊，时光机好像坏了！我们不能回到21世纪的韩国了。
我就知道会这样！
呀！
你知道啥啊？傻小子，看看外面。
啊！
哇，这不是首尔嘛！得救了，哈哈哈！
哈哈，多亏了东八，我们这次旅行很有趣！
爷爷，辛苦了！
博士，谢谢您！

发明是什么

作为促进科学和技术发展的要素，发明虽然和发现往往同时被提到，但从物质性创造这点来说，它与发现大不相同。发明是指通过新的方法、技术、物质、器具等形式将富有科学性、创造性的想法及技术构想表现出来，并制造出至今为止世界上没有的东西。

在如今的发明专利法律体系中，最先发明者的权力得到社会的认可。也就是说，发明

① 必定利用了自然规律；

② 必定包含技术性思维；

③ 必定具有创造性；

④ 必须上升到较高的境界，从而获得认可。

此外，必须还要具有实用性和新颖性。

这就是获得发明专利权的基本条件。

失误和偶然带来的伟大发明

历史上，因为偶然或者幸运而获得的发明实例很多，有时，小小的失误能出乎意料地造就伟大的成绩。

比如，现在广泛用于汽车轮胎、救生艇、手套、救生圈、皮带以及各种附

属物品的橡胶正是一次源于“失误”的发明。

橡胶的发明

很久以前，人们就知道如何收集橡树的树液做成天然橡胶。但天然橡胶气味很重、天气热就会融化的性质给实际应用带来麻烦。美国人固特异致力于橡胶研究，克服了天然橡胶的缺点，造出了和现在一样能用于各个方面的合成橡胶。在经历了反复失败后，在极度贫困的境遇下，固特异仍然专注于橡胶研究，甚至被称为“橡胶狂人”。

一天，他将硫黄加入橡胶进行实验，一不小心一块橡胶掉在了炉子上。但令人惊讶的是，橡胶并没有融化，只是被稍微熏黑了。于是，得到启发的固特异在橡胶中掺入硫黄，用恰当的温度加热适当的时间，结果大大提高了橡胶的性能。通过反复实验，固特异用橡胶硫化技术完成了现在通用的橡胶加工方法，这成为橡胶工业发展的基础。

▲ 从橡树上采集的橡树树液

在橡树上划一条裂痕，就能采集树液。

▲ 各种橡胶制品

橡胶分为从橡树树液中获取的天然橡胶和石油化学工业合成的合成橡胶两种。

尼龙的发明

化学纤维——尼龙也是其发明者卡罗瑟斯以偶然的失误为契机，从而成功问世的实例之一。卡罗瑟斯是美国化学家，他一边在伊利诺伊大学和哈佛大学教书，一边从事有机化学研究。1928年，他受聘为世界性的化学公司杜邦公司中央研究所基础科学研究部部长。最开始，人工纤维的开发并不是他的目标。

一天，研究团队中的一名成员希尔没有将失败实验中的残渣彻底冲洗干净就对之进行加热。出人意料的是，这些残渣持续拉长，变成了线那样的物质。于是，卡罗瑟斯正式开始了人造化学纤维的开发，发明出当时的人们无法想象的耐用的纤维——尼龙。

之后，尼龙被杜邦公司产业化，正式在世界亮相。尼龙被称为“用煤、空气和水制成的纤维”，“比蜘蛛网更细的、比钢铁更耐用的奇迹之线”，是多方面性能卓越的人造纤维。尼龙除了用于女性丝袜外，还广泛用于衣服、麻绳、袜子、降落伞等。

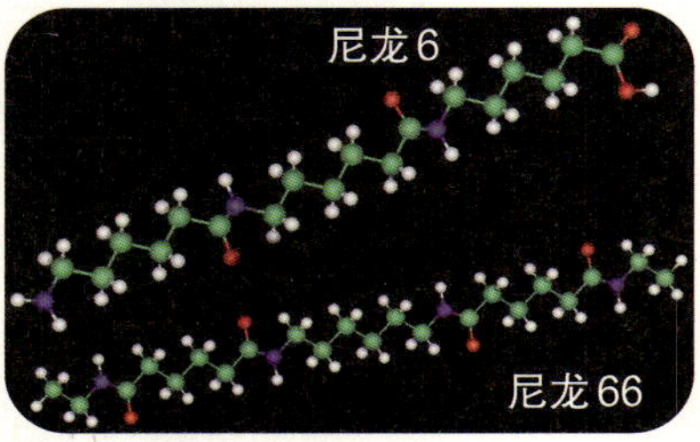

▶尼龙的分子构造

尼龙是链状的高分子。

图书在版编目(CIP)数据

发明/(韩)张吉秀,(韩)金英九著;余未译. —上海:上海科技教育出版社,2013.8

(“探险奇兵”科学漫画丛书)

ISBN 978-7-5428-5742-2

Ⅰ. ①发… Ⅱ. ①张… ②金… ③余… Ⅲ. ①创造发明—青年读物 ②创造发明—少年读物 Ⅳ.①N19-49

中国版本图书馆CIP数据核字(2013)第172959号

FOCUS: The Science Educational Comic Books
Invention
By
조경철 김정률 윤무부 장길수 김영구

责任编辑 刘丽曼
封面设计 符劼

"探险奇兵"科学漫画丛书
发明

[韩]张吉秀 文 [韩]金英九 图
[韩]赵景澈 金正律 尹武富 审核
余未 译

上海世纪出版股份有限公司 出版发行
上海科技教育出版社 出版发行
(上海市冠生园路393号 邮政编码200235)
网址:www.sste.com www.ewen.cc
各地新华书店经销
苏州工业园区美柯乐制版印务有限责任公司印制
ISBN 978-7-5428-5742-2/N·884
图字09-2013-184号

开本787×1092 1/16 印张6.5
2013年8月第1版 2013年8月第1次印刷
印数1-4 200 定价:26.00元